Las imágenes pertenecen a la NASA.

ISBN: 9798321250891

Contenido

Descubriendo el Sistema Solar: 5

El Sistema Solar en general 5

El Sol, nuestro astro rey! 7

Mercurio: Un pequeño gigante espacial 10

Venus: un planeta misterioso y brillante 11

La Tierra: Un oasis en el cosmos 14

La Luna: Un faro en la noche 14

Marte: Un planeta rojo lleno de misterios 16

Asteroides: Rocas espaciales en miniatura 18

Júpiter: Un gigante gaseoso con un sistema de lunas 20

Saturno: Un planeta con anillos majestuosos 22

Urano: Un gigante gaseoso con gran inclinación 24

Neptuno: Un gigante gaseoso azul 26

Plutón: Un mundo helado en el Cinturón de Kuiper 27

Planetas enanos: Diversidad 30

Cometas: Mensajeros helados del pasado 32

Sobre el Autor 35

Descubriendo el Sistema Solar:

Un viaje fascinante a través del cosmos

Introducción:

Abre las puertas a un viaje extraordinario por el Sistema Solar, un lugar lleno de maravillas y misterios. A través de estas páginas, exploraremos los ocho planetas que orbitan alrededor del Sol, desde el pequeño Mercurio hasta el gigante Neptuno. Descubriremos las lunas que los acompañan, algunas incluso más grandes que planetas, y nos aventuraremos a través del cinturón de asteroides y el misterioso reino de los cometas.

Un recorrido visual:

Las imágenes capturadas por la NASA te transportarán a cada uno de estos mundos celestes. Déjate sorprender por las vistas panorámicas de Marte, los vibrantes colores de Júpiter y los anillos de Saturno que brillan como un halo.

Más allá de la Tierra:

Conocerás las características únicas de cada planeta: su tamaño, composición, atmósfera, temperatura, satélites y más. Aprenderás sobre las fascinantes lunas de Júpiter, como Io con sus volcanes activos, y Europa, con su océano subterráneo que podría albergar vida.

Un viaje de descubrimiento:

Este libro te invita a explorar las fuerzas que dan forma al Sistema Solar, desde la poderosa gravedad del Sol hasta las complejas interacciones entre los planetas. Descubrirás cómo se formó este sistema hace miles de millones de años y cómo continúa evolucionando.

Un legado de exploración:

Adéntrate en la historia de la exploración espacial y conoce las misiones que han permitido desentrañar los secretos del Sistema Solar. Desde las primeras observaciones con telescopios hasta las sondas espaciales que hoy día recorren el espacio, este libro te invita a ser parte de la aventura.

Un universo por descubrir:

El Sistema Solar es solo una pequeña parte del universo, pero está lleno de una riqueza inimaginable. Este libro te abrirá la puerta a un mundo de posibilidades, inspirándote a seguir aprendiendo y explorando los misterios del cosmos.

Prepárate para embarcarte en un viaje que te cambiará la forma de ver el mundo que te rodea.

El Sistema Solar en general

Formación:

El Sistema Solar se formó hace unos 4.600 millones de años a partir de una gran nube de gas y polvo interestelar llamada nebulosa solar. La gravedad concentró la mayor parte de la masa en el centro, formando el Sol, mientras que el resto del material se aplanó en un disco giratorio que dio origen a los planetas, planetas enanos, lunas, asteroides y cometas.

Evolución:

El Sistema Solar ha experimentado cambios significativos desde su formación. Los planetas se formaron a partir de la acreción de material en el disco protoplanetario, colisionando entre sí y creciendo hasta alcanzar su tamaño actual. Los planetas Júpiter y Saturno no están en sus orbitas originales. Cuando se formaron migraron cayendo hacia el Sol, y posteriormente se alejaron a las posiciones actuales. Todavía no es claro el mecanismo. Las lunas se formaron a partir de discos de gas y polvo alrededor de los planetas o por captura gravitatoria.

Estructura:

El Sistema Solar se divide en dos regiones principales: el Sistema Solar interior, que comprende los planetas terrestres (Mercurio, Venus, Tierra y Marte), y el Sistema Solar exterior, que alberga los planetas gigantes gaseosos (Júpiter, Saturno, Urano y Neptuno).

Otros objetos:

- **Planetas enanos:** Objetos intermedios entre planetas y asteroides.
- **Meteoroides**: Similares a Asteroides, pero de menos de 10 metros.
- **Asteroides:** Cuerpos rocosos que orbitan alrededor del Sol, principalmente entre las órbitas de Marte y Júpiter.
- **Cometas:** Cuerpos helados que orbitan alrededor del Sol y liberan una cola de gas y polvo cuando se acercan al Sol.

Cinturones:

- **Cinturón de asteroides:** Una región entre las órbitas de Marte y Júpiter que alberga una gran cantidad de asteroides.
- **Cinturón de Kuiper:** Una región más allá de la órbita de Neptuno que alberga una gran cantidad de objetos helados, incluyendo planetas enanos como Plutón.

Anillos:

Todos los planetas gigantes del sistema poseen anillos, aunque los más brillantes son los de Saturno.

Volcanes:

Existen volcanes similares a los de nuestro planeta, pero hay muchos mas **criovolcanes**, que son fríos, en los objetos más lejanos del Sistema Solar.

Ilustración del sistema solar completo.
El Sol es enorme en comparación.
Sobre la imagen del Sol, de izquierda a derecha,
se ven cada uno de los planetas a escala.

National Aeronautics and Space Administration
NASA

Sol
Mercurio
Venus
Tierra
Marte
Júpiter
Saturno
Urano
Neptuno

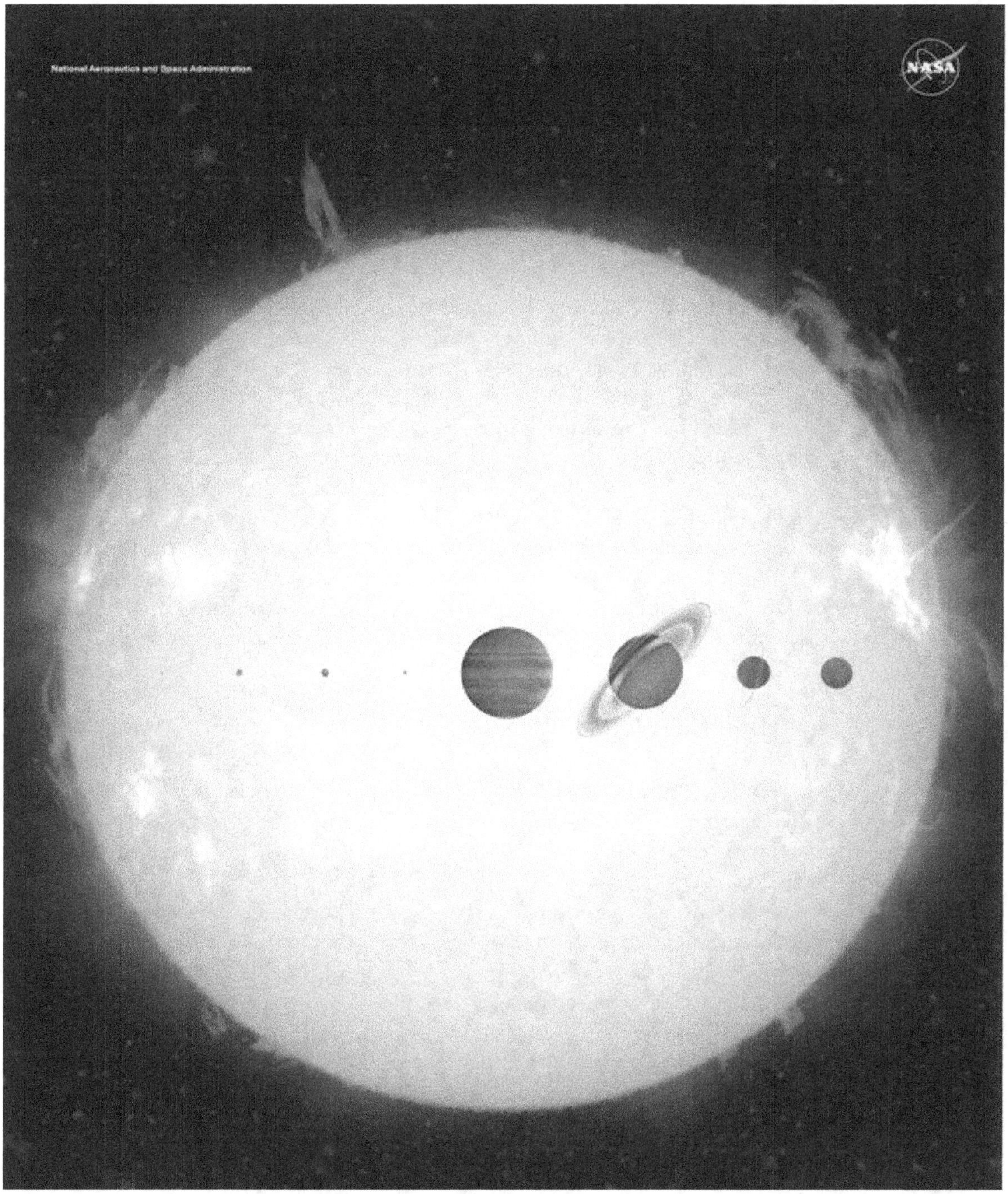

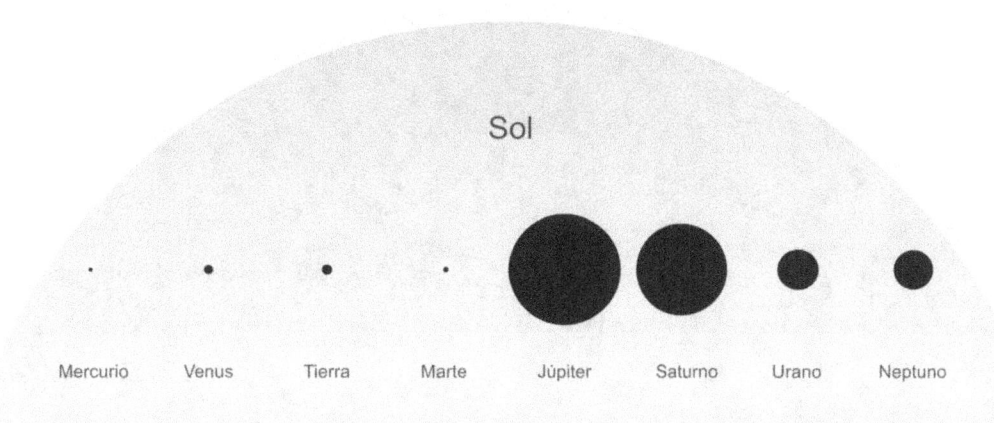

El Sol, nuestro astro rey!

¿Sabías que el Sol es una estrella? Sí, como las que vemos en el cielo nocturno, pero mucho más grande y cercana. Es tan caliente que brilla con mucha intensidad y nos da luz y calor. ¡Es como un horno nuclear gigante en el espacio!

El Sol no es amarillo como lo vemos. En realidad, es blanco brillante. Y no es una bola sólida como la Tierra, sino una enorme bola de gas caliente, principalmente hidrógeno y helio.

Está en constante movimiento. Viaja a una velocidad increíble alrededor del centro de la Vía Láctea, nuestra galaxia, ¡como un gran trotamundos espacial! Además, tiene su propia atmósfera, la corona, que es mucho más caliente que la superficie.

A veces, el Sol tiene explosiones. Se llaman erupciones solares y liberan mucha energía. También tiene manchas, áreas oscuras más frías que el resto, que pueden ser más grandes que la Tierra.

El Sol también nos envía "viento solar". Son partículas que viajan por el espacio a gran velocidad. Si viajáramos a otros planetas, ¡necesitaríamos una sombrilla espacial para protegernos!

Lo más importante del Sol es que nos da vida. Sin su luz y calor, no podríamos existir. Las plantas necesitan la energía del Sol para crecer y producir oxígeno, que es esencial para que respiremos.

Aquí tienes algunos datos curiosos:

- El Sol tiene una temperatura de unos 6.000 grados.
- La Tierra tarda un año en dar una vuelta completa alrededor del Sol.
- La distancia entre la Tierra y el Sol es de unos 150 millones de kilómetros.
- Viaja por la galaxia a 220 km/seg.
- Su viento solar produce las auroras polares en varios planetas, en particular, el nuestro!.
- Funciona por reacciones termonucleares en su interior, que se encuentra a 15 millones de grados.
- Es la fuente de calor y energía del sistema solar.
- Tiene en superficie manchas oscuras que se ven asi por contraste con la superficie solar (la fotosfera). Tienen unos 5000 grados.
- A pesar de su gran tamaño, se lo considera una estrella enana!

Una llamarada solar surgiendo del Sol vista por el Observatorio de Dinámica Solar de la NASA en 2013.
Crédito: NASA/SDO

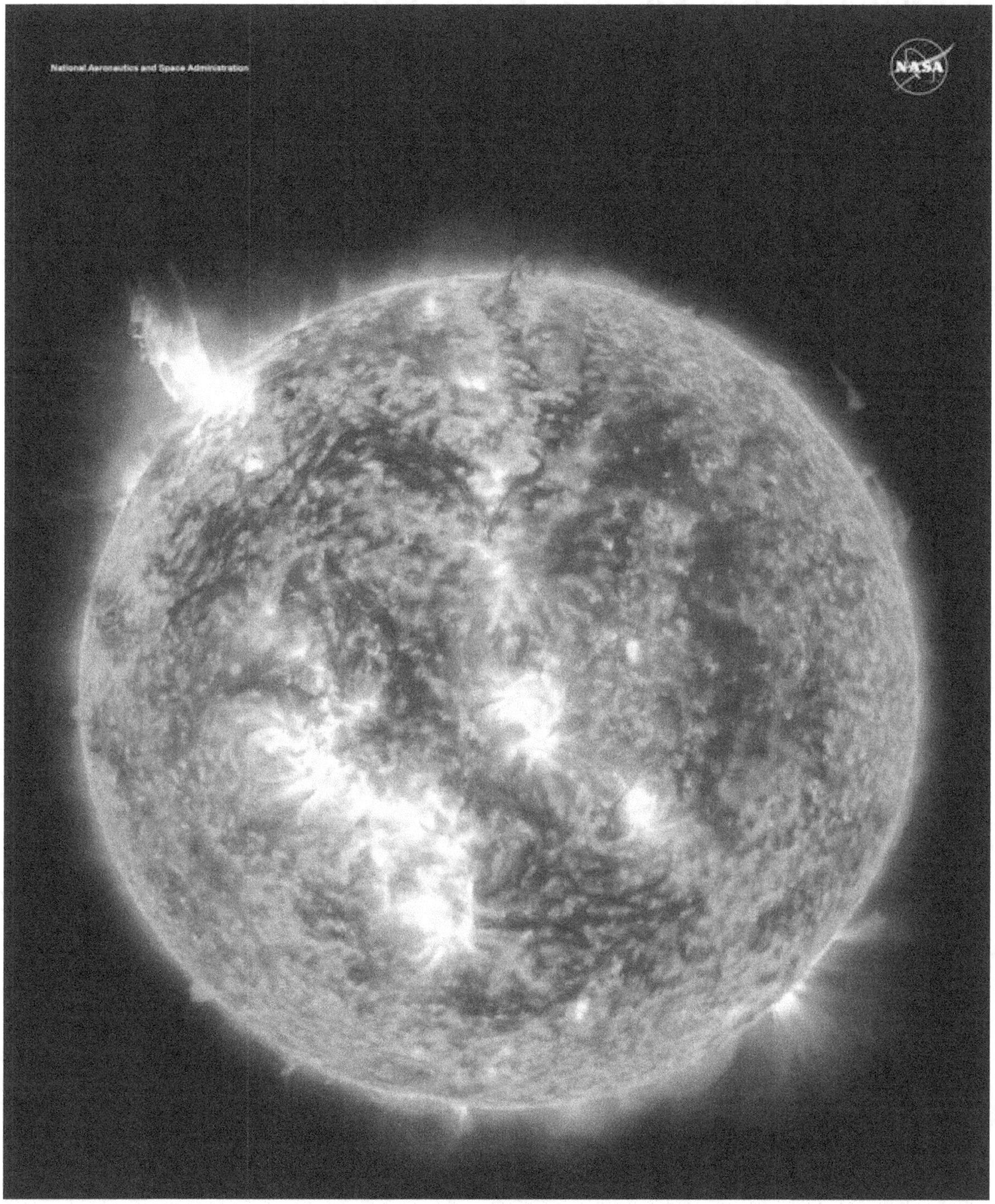

ESTRUCTURA DEL SOL

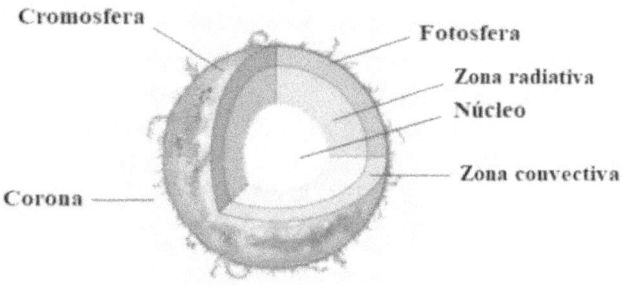

Mercurio: Un pequeño gigante espacial

Este pequeño gigante, aunque es el más pequeño del Sistema Solar, tiene secretos increíbles que te sorprenderán.

¿Sabías que Mercurio es el más rápido de todos? ¡Completa una vuelta alrededor del Sol en solo 88 días! Pero no te dejes engañar por su velocidad, también tiene un lado misterioso: **sus días son largos.** Un día en Mercurio dura 59 días terrestres!

Mercurio es un mundo de contrastes. Durante el día, su superficie puede alcanzar temperaturas que superan los 400 grados Celsius, ¡más caliente que un horno! Pero por la noche, el frío extremo se apodera del planeta, con temperaturas que bajan hasta -170 grados Celsius.

Imagina un planeta sin atmósfera. Así es Mercurio, vulnerable a los impactos de meteoritos y asteroides que han creado una superficie llena de cráteres. ¡Es como un museo espacial que guarda las huellas del tiempo!

Mercurio no tiene lunas. Pero no te preocupes, no está solo, ¡tiene un gran corazón! Su núcleo es tan grande que representa el 70% del planeta. De hecho es el mayor núcleo planetario del sistema.

¿Sabías que Mercurio tiene una atmósfera tan tenue que se llama exosfera? Es como una capa invisible que se escapa por la fuerza del viento solar.

Mercurio guarda muchos secretos que aún no hemos descubierto. En 2008, la sonda espacial MESSENGER de la NASA nos brindó información invaluable sobre este pequeño gigante. ¡Aún hay mucho por explorar!

Aquí tienes algunos datos curiosos para empezar:

- Mercurio es tan pequeño que podría caber dentro de la Tierra unas 19 veces.
- Si pudieras caminar sobre la superficie de Mercurio, podrías ver el Sol tres veces más grande que desde la Tierra.
- Se cree que la formación de Mercurio fue producto de una colisión entre un planeta similar a la Tierra y otro objeto del tamaño de Marte.
- Mercurio tiene un campo magnético muy débil, solo alrededor del 1% del campo magnético de la Tierra.
- Si alguna vez hubiera tenido una luna, el Sol esta tan cercano y el planeta es tan pequeño que se lo hubiera robado.
- Tiene una órbita muy elíptica. La mas excéntrica del sistema solar.

Un mapa global de la superficie de Mercurio creado a partir de imágenes obtenidas por la nave espacial MESSENGER de la NASA. Los colores no son lo que el ojo vería, sino que están relacionados con variaciones de composición química. Crédito: NASA/Laboratorio de Física Aplicada de la Universidad Johns Hopkins/Institución Carnegie de Washington

National Aeronautics and Space Administration
NASA

CORTEZA
MANTO
NÚCLEO EXTERIOR LIQUIDO
NÚCLEO INTERIOR SOLIDO

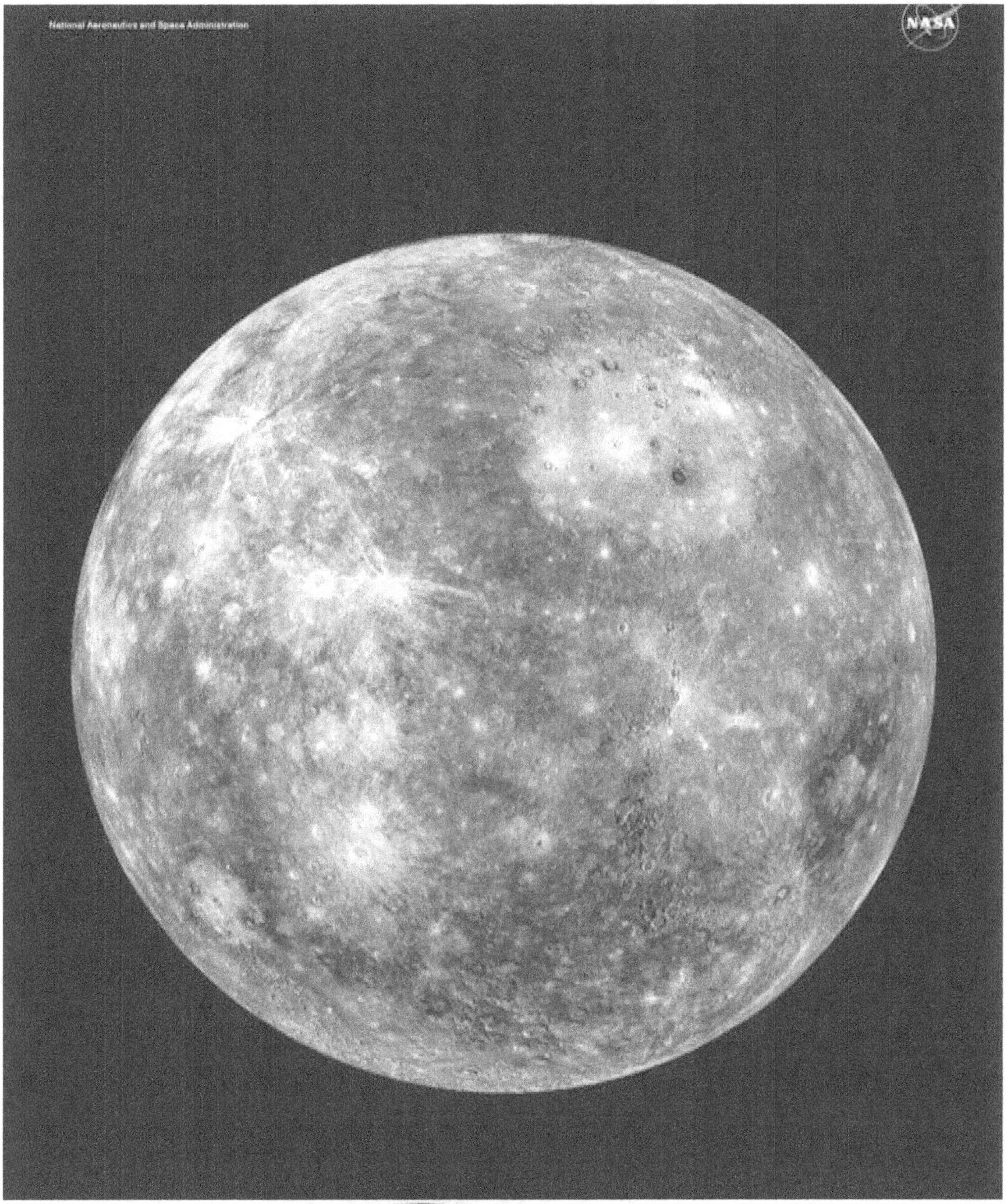

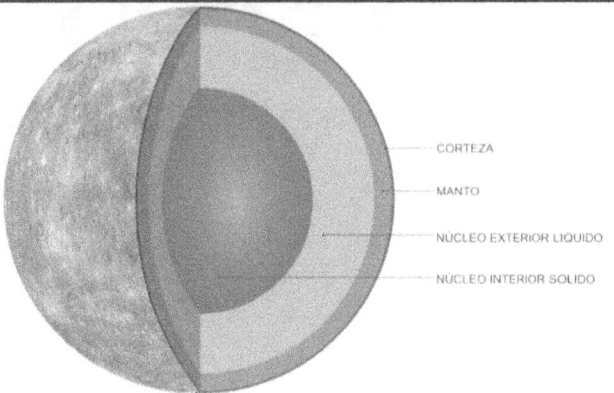

Venus: un planeta misterioso y brillante

Conocido como el "planeta gemelo" de la Tierra por su tamaño similar, Venus esconde un secreto: **es un lugar inhóspito con temperaturas más altas que Mercurio.**

¿Sabías que Venus es el planeta más brillante en el cielo nocturno después de la Luna? Su brillo se debe a su densa atmósfera y proximidad a la Tierra. ¡Es una joya celestial que no puedes perderte! Es el famoso lucero.

Venus tiene un problema: un efecto invernadero extremo. Su atmósfera, compuesta principalmente de dióxido de carbono, atrapa el calor del Sol y convierte al planeta en un infierno. ¡Es el más caliente del Sistema Solar!

Otra rareza de Venus: gira en sentido contrario a la mayoría de los planetas. ¡Es como si bailara al revés! Su rotación retrógrada lo hace único en nuestro sistema planetario.

Olvídate de ver la superficie de Venus: está oculta bajo densas capas de nubes de ácido sulfúrico. Es como un misterio envuelto en un enigma.

¿Y su nombre? Se lo debe a la diosa romana del amor y la belleza. Su brillo en el cielo nocturno inspiró a los antiguos romanos a asociarlo con la diosa más hermosa.

Aquí tienes algunos datos curiosos para empezar:

- La temperatura media en la superficie de Venus es de unos 462 grados Celsius, ¡lo suficientemente caliente como para derretir el plomo!
- La presión atmosférica en Venus es 92 veces mayor que la de la Tierra, equivalente a la presión que se encuentra a 900 metros bajo el agua.
- Venus no tiene satélites naturales, lo que lo convierte en el único planeta junto a Mercurio sin ningún tipo de luna.
- Las primeras misiones espaciales a Venus fueron lanzadas en la década de 1960, y desde entonces, varias sondas y naves espaciales han estudiado el planeta en detalle.
- Las condiciones son tan duras en la superficie, que ninguna nave que haya descendido ha durado más de media hora!

El terreno en el hemisferio norte de Venus, basado en datos de radar de la misión Magallanes de la NASA. Crédito: NASA/JPL

Superficie de Venus tomada por la sonda rusa Venera 13 en 1982.

La Tierra: Un oasis en el cosmos

La Tierra, un planeta azul y vibrante, **es un oasis en la vastedad del espacio.** Es el único lugar conocido hasta ahora donde existe agua líquida y una rica diversidad de vida.

Nuestra atmósfera nos protege del Sol y nos proporciona oxígeno para respirar. La Tierra está en constante movimiento, girando sobre su eje y orbitando alrededor del Sol. Estos movimientos generan fenómenos fascinantes como las **estaciones del año** y las **mareas**.

Las estaciones del año son el resultado de la inclinación del eje de rotación de la Tierra. A lo largo del año, diferentes regiones del planeta reciben más o menos luz solar, lo que da lugar a la primavera, el verano, el otoño y el invierno.

Las mareas son cambios periódicos en el nivel del mar causados por la atracción gravitatoria de la Luna y el Sol. La Luna, nuestro único satélite natural, juega un papel crucial en este fenómeno.

La Luna no solo influye en las mareas, sino que también tiene un impacto significativo en la vida en la Tierra. Su luz plateada ilumina las noches y regula los ciclos reproductivos de muchas especies.

Es nuestro deber proteger este planeta único y frágil. Debemos cuidar la Tierra para que las generaciones futuras puedan disfrutar de su belleza y sus recursos.

Aquí tienes algunos datos curiosos para empezar:

- La atmósfera de la Tierra está compuesta principalmente de nitrógeno y oxígeno.
- Es el planeta más denso del Sistema Solar.
- Es el único planeta conocido donde existe vida.
- La Luna y la Tierra tuvieron los mismos impactos meteóricos que les dejaron cráteres, pero como nuestro planeta tiene erosión, se borraron. La luna los conserva desde hace eones.

La Luna: Un faro en la noche

Es nuestro satélite natural, es el objeto más cercano a la Tierra y una presencia constante en nuestro cielo nocturno. Aunque nos parece grande, en realidad es mucho más pequeña que nuestro planeta. (27% de la Tierra).

Tiene diferentes fases a lo largo de su ciclo lunar. Estas fases son el resultado de la posición relativa de la Tierra, la Luna y el Sol. Observamos desde la Tierra la Luna nueva, la Luna llena y todas las fases intermedias.

Su gravedad es mucho más débil que en la Tierra. Si estuvieras allí, te sentirías más ligero y podrías dar saltos increíbles. Sin embargo, no hay aire para respirar ni protección contra los meteoritos, por lo que su superficie está llena de cráteres y no hay vida.

En 2002, los científicos de la NASA unieron tiras de imágenes en colores naturales de la Tierra, recopiladas durante cuatro meses con el instrumento MODIS a bordo del satélite Terra.
Crédito: Observatorio de la Tierra de la NASA.

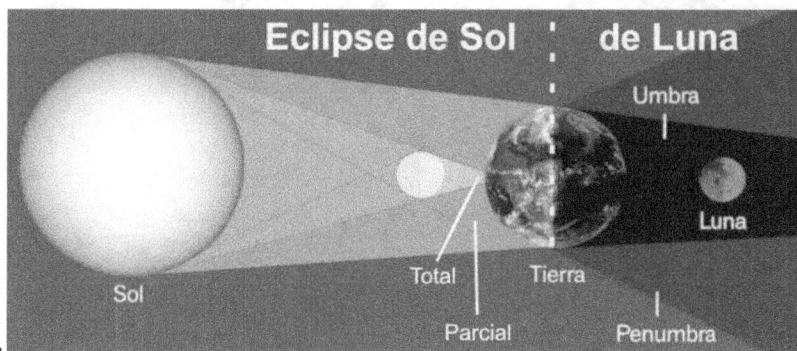

El mecanismo d e los eclipses.
Los de Sol la Luna tapa al Sol.
Los de Luna, la Tierra tapa a la Luna con su sombra.

Marte: Un planeta rojo lleno de misterios

Es nuestro vecino en el Sistema Solar. Es famoso por sus similitudes con la Tierra y por ser el objetivo de futuras misiones espaciales. ¿Sabías que allí se encuentra el volcán más grande del Sistema Solar? Se llama Monte Olimpo y es tres veces más alto que el Monte Everest.

Marte es conocido por su color rojizo. Su superficie está cubierta de óxido de hierro, lo que le da ese tono característico. Es un planeta más pequeño que la Tierra, pero con características sorprendentes como el volcán Monte Olimpo y el cañón Valles Marineris, el más grande del Sistema Solar.

Tiene casquetes polares compuestos principalmente de hielo de dióxido de carbono, también conocido como hielo seco. Su atmósfera es delgada y no proporciona protección contra la radiación solar o los meteoritos.

Numerosas misiones espaciales han explorado Marte. El rover Curiosity de la NASA ha estado investigando la superficie marciana desde 2012, y el rover Perseverance aterrizó en 2021 buscando señales de vida microbiana en el pasado.

Tiene una historia geológica intrigante. Se han encontrado evidencias de que en el pasado tenía ríos, lagos e incluso un océano. Esto aumenta la posibilidad de que haya existido vida microbiana en el planeta.

En 2020, se descubrió evidencia de agua líquida en forma de depósitos de agua salada bajo la superficie.

Un día en Marte dura aproximadamente 24 horas y 37 minutos, muy similar a un día en la Tierra. Este planeta ha sido objeto de fascinación en la cultura popular, inspirando literatura, cine y música. Ha despertado la imaginación de muchas personas sobre la posibilidad de colonizar y explorar el Planeta Rojo en el futuro.

Tiene dos pequeñas lunas, Phobos y Deimos, de unos 20 km.

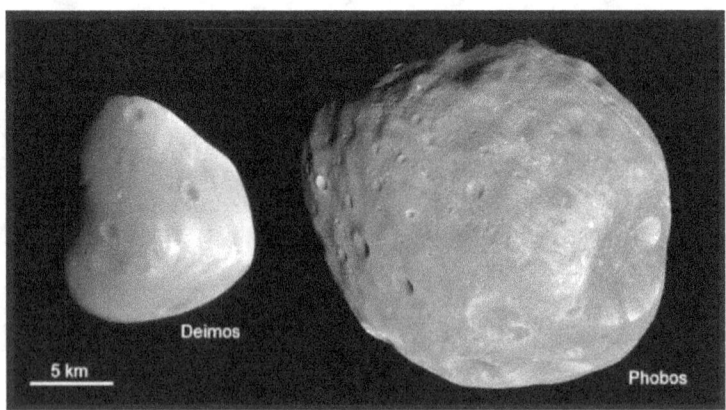

Un mosaico del hemisferio Valles Marineris de Marte, creado con imágenes de los orbitadores Viking de la NASA. Es una vista similar a la que se vería desde una nave espacial. Crédito: NASA/JPL-Caltech

Ilustracion sobre como se ve el Monte Olimpo de 25 km. De altura si estuvieras en la superficie marciana.

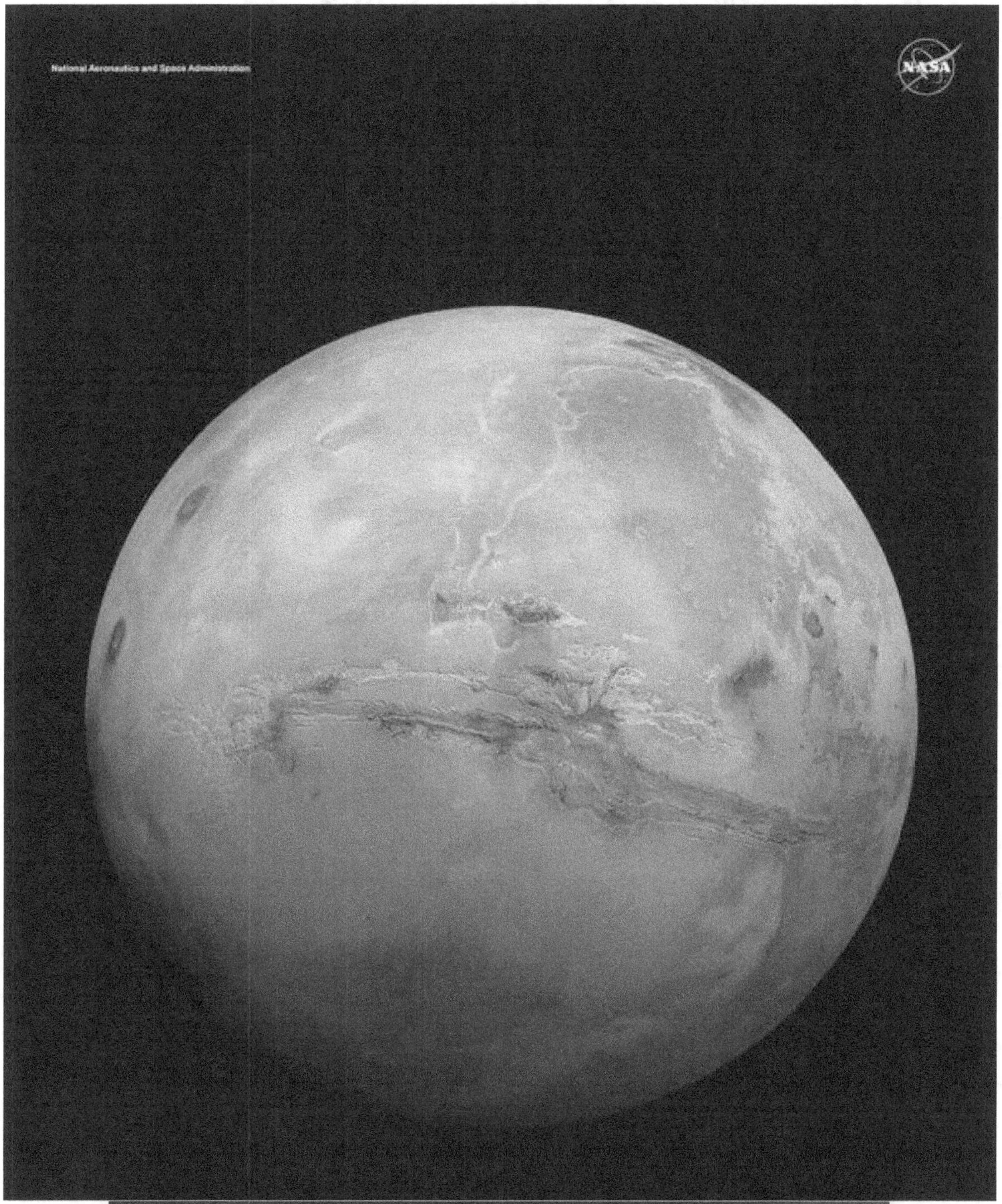
National Aeronautics and Space Administration

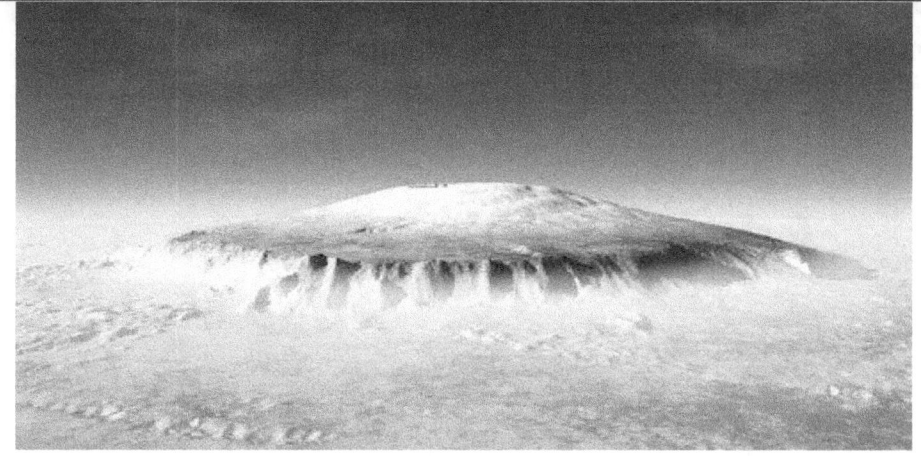

Asteroides: Rocas espaciales en miniatura

Los asteroides son pequeños cuerpos rocosos que orbitan alrededor del Sol. Algunos son tan pequeños como una roca grande, mientras que otros pueden ser tan grandes como una ciudad. La mayoría se encuentran en el cinturón de asteroides, ubicado entre Marte y Júpiter.

Los asteroides son objetos diversos. Algunos son rocosos, otros metálicos y algunos incluso son una mezcla de ambos. Varían en tamaño desde rocas de 10 metros hasta objetos con cientos de kilómetros de diámetro. **Vesta**, el mayor, tiene 530 kilómetros.

Se cree que los asteroides son remanentes de la formación temprana del Sistema Solar. No se unieron para formar planetas debido a la influencia gravitacional de Júpiter. Algunos asteroides tienen órbitas que los acercan a la Tierra, lo que representa un potencial peligro de impacto. Se llaman **NEAs** (Near Earth Asteroids).

Muchos tienen lunas, y uno hasta ahora descubierto, **Chariklo**, tiene anillos.

Meteoroides, meteoros y meteoritos

Los meteoroides son fragmentos de asteroides, cometas o incluso de la Luna y Marte. Son más pequeños que los asteroides y pueden variar en tamaño desde partículas de polvo hasta cuerpos de hasta 10 metros de diámetro.

Cuando un meteoroide ingresa a la atmósfera de la Tierra, se convierte en un meteoro. También conocido como estrella fugaz, el meteoro produce un destello luminoso en el cielo debido a la fricción con el aire. La mayoría de los meteoros se queman por completo antes de llegar al suelo.

Si un meteoroide sobrevive a su paso por la atmósfera y llega a la superficie de la Tierra, se convierte en un meteorito. Los meteoritos pueden ser de diferentes tipos, como rocosos, metálicos o una combinación de ambos. Al caer a la Tierra, pueden crear **cráteres** y, en algunos casos, causar daños materiales.

Los asteroides y meteoroides son objetos fascinantes que nos brindan información valiosa sobre la historia y la composición del Sistema Solar.

Aquí tienes algunos datos curiosos:

- Se estima que hay alrededor de 1 millón de asteroides en el cinturón de asteroides con un diámetro mayor a 1 kilómetro.
- El meteorito más grande conocido en la Tierra es el meteorito Hoba, que se encuentra en Namibia y tiene un peso de aproximadamente 60 toneladas.
- Se cree que el impacto de un asteroide gigante hace unos 66 millones de años fue el responsable de la extinción de los dinosaurios.

Vista del asteroide 243 Ida adquirida por la nave espacial Galileo de la NASA el 28 de agosto de 1993, casi a la mínima distancia que alcanzó. Crédito: NASA/JPL

El lugar del impacto del asteroide de 10 km. que exterminó a los dinosaurios.

El impacto fue tan violento que debilitó el suelo produciendo los famosos cenotes, únicos en ésta zona del planeta.

Júpiter: Un gigante gaseoso con un sistema de lunas

Este planeta colosal, con su atmósfera turbulenta y su icónica **Gran Mancha Roja**, es un espectáculo celestial que nos deja sin aliento.

Júpiter no solo es enorme, sino también complejo. Su atmósfera densa y dinámica alberga una gran variedad de fenómenos, como bandas de nubes, tormentas gigantes y auroras polares. Además, Júpiter posee un sistema de anillos, aunque no tan prominentes como los de Saturno.

Lo que hace aún más especial a Júpiter son sus lunas. Se conocen 79 lunas orbitando este gigante gaseoso, y cuatro de ellas, las **lunas galileanas**, son especialmente interesantes.

Ío es la luna más cercana a Júpiter y la más volcánicamente activa del Sistema Solar. **Europa**, por otro lado, intriga a los científicos con la posibilidad de albergar un océano subsuperficial de agua líquida, lo que la convierte en un posible candidato para la búsqueda de vida extraterrestre.

Ganimedes, la luna más grande del Sistema Solar, incluso más grande que el planeta Mercurio, posee un campo magnético propio. Y **Calisto**, la luna más alejada de Júpiter, tiene una superficie cubierta de cráteres que nos habla de su larga historia geológica.

Júpiter y sus lunas son un microcosmos en sí mismos. Estudiarlos nos ayuda a comprender mejor la formación y evolución de los planetas, las lunas y la vida en el universo.

Aquí tienes algunos datos curiosos para empezar:

- Júpiter tiene una masa 318 veces mayor que la de la Tierra.
- La Gran Mancha Roja de Júpiter es una tormenta gigante que ha estado activa durante más de 300 años. Es más grande que la Tierra.
- El campo magnético de Ganimedes es más fuerte que el de la Tierra.

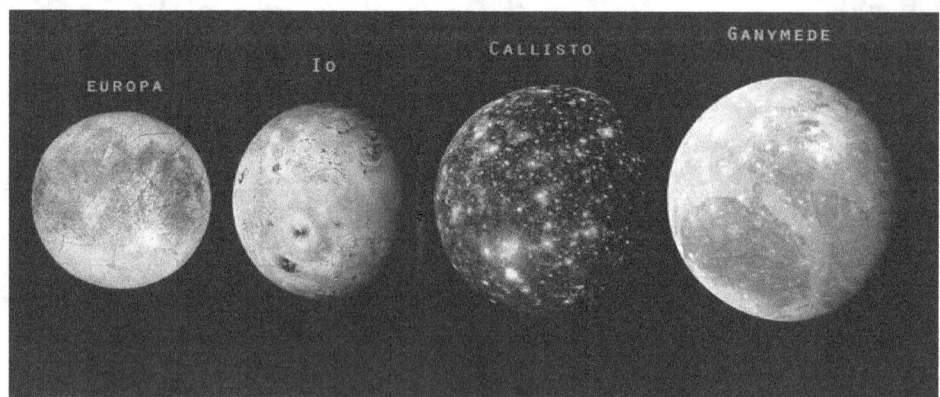

Este mosaico en colores reales de Júpiter se construyó a partir de imágenes tomadas por la cámara de ángulo estrecho a bordo de la nave espacial Cassini de la NASA en diciembre de 2000. Crédito: NASA/JPL/Space Science Institute

Júpiter tomado por el telescopio espacial Hubble, donde se proceso para que se vean las auroras boreales que tiene.

Saturno: Un planeta con anillos majestuosos

Saturno nos cautiva con sus anillos, una estructura única en el Sistema Solar. Compuestos principalmente de hielo y roca, estos anillos son enormes en diámetro, pero no tiene más de 10 metros de espesor en algunos lugares!.

Saturno no solo tiene anillos, sino también una atmósfera densa y dinámica. Al igual que Júpiter, presenta bandas de nubes y una gran variedad de fenómenos meteorológicos. Además, Saturno posee una gran cantidad de lunas, más de 80 hasta la fecha.

Algunas de las lunas de Saturno son realmente especiales. Titán, la más grande, tiene una atmósfera densa y lagos de hidrocarburos en su superficie. Encélado, por otro lado, expulsa géiseres de vapor de agua, lo que sugiere la presencia de un océano sub superficial.

Mimas, con su enorme cráter Herschel, nos recuerda a la Estrella de la Muerte de Star Wars. Y Rea, la segunda luna más grande de Saturno, también podría tener un océano sub superficial.

Aquí tienes algunos datos curiosos:

- Los anillos de Saturno tienen 270.000 kilómetros de diámetro.
- Titán es la única luna del Sistema Solar con una atmósfera densa y estable.
- Mimas tiene un cráter que cubre casi un tercio de su diámetro.

A la izquierda: Titán con su gran atmósfera. En medio, Mimas con su tremendo cráter. A la derecha, Encélado.

La nave espacial Cassini de la NASA se despidió del sistema saturniano capturando este último mosaico completo de Saturno y sus anillos dos días antes de la espectacular caída de la nave espacial en la atmósfera del planeta.
Crédito: NASA/JPL-Caltech/Instituto de Ciencias Espaciales

Estructura interna de los anillos.

De izquierda a derecha se aleja del planeta.

Urano: Un gigante gaseoso con gran inclinación

Es un planeta gigante de gas con una característica distintiva: su inclinación axial extrema. A diferencia de la mayoría de los planetas, Urano está girado de lado, lo que le da un aspecto único en el cielo.

Fue descubierto por William Herschel en 1789. Es el primero descubierto con telescopio, ya que todos los otros más cercanos al Sol se ven a simple vista.

Urano también tiene un sistema de anillos, aunque mucho menos prominentes que los de Saturno. Además, su atmósfera es rica en metano, lo que le da un color azul verdoso característico.

Las lunas principales de Urano son tan diversas como fascinantes.

- **Miranda**, con su superficie fracturada, nos habla de una historia geológica compleja.
- **Ariel** tiene cañones y valles.
- **Umbriel** está cubierta de cráteres que indican una larga historia de impactos.
- **Titania**, la luna más grande de Urano, presenta una superficie diversa con montañas, llanuras y cañones.
- **Oberón**, la más lejana de las mayores.

Cada luna tiene sus propias características únicas que nos dan pistas sobre su pasado y su presente.

Aquí tienes algunos datos curiosos para empezar:

- Urano tiene un sistema de anillos compuesto por 13 anillos conocidos.
- La atmósfera de Urano es la más fría del Sistema Solar, con una temperatura de -224 °C.
- Miranda, Fue destrozada en un impacto gigante y vuelta a unir, dado su aspecto que parece un rejunte de distintas piezas.
- Ariel tiene cañones que son tan profundos como el Gran Cañón del Colorado.

Satélites de Urano. De izquierda a derecha: Puck, Miranda, Ariel, Umbriel, Titania y Oberón.

Esta imagen compuesta infrarroja de Urano y sus anillos proviene del Telescopio Keck. Crédito: Lawrence Sromovsky, Universidad de Wisconsin-Madison/W.W. Observatorio Keck

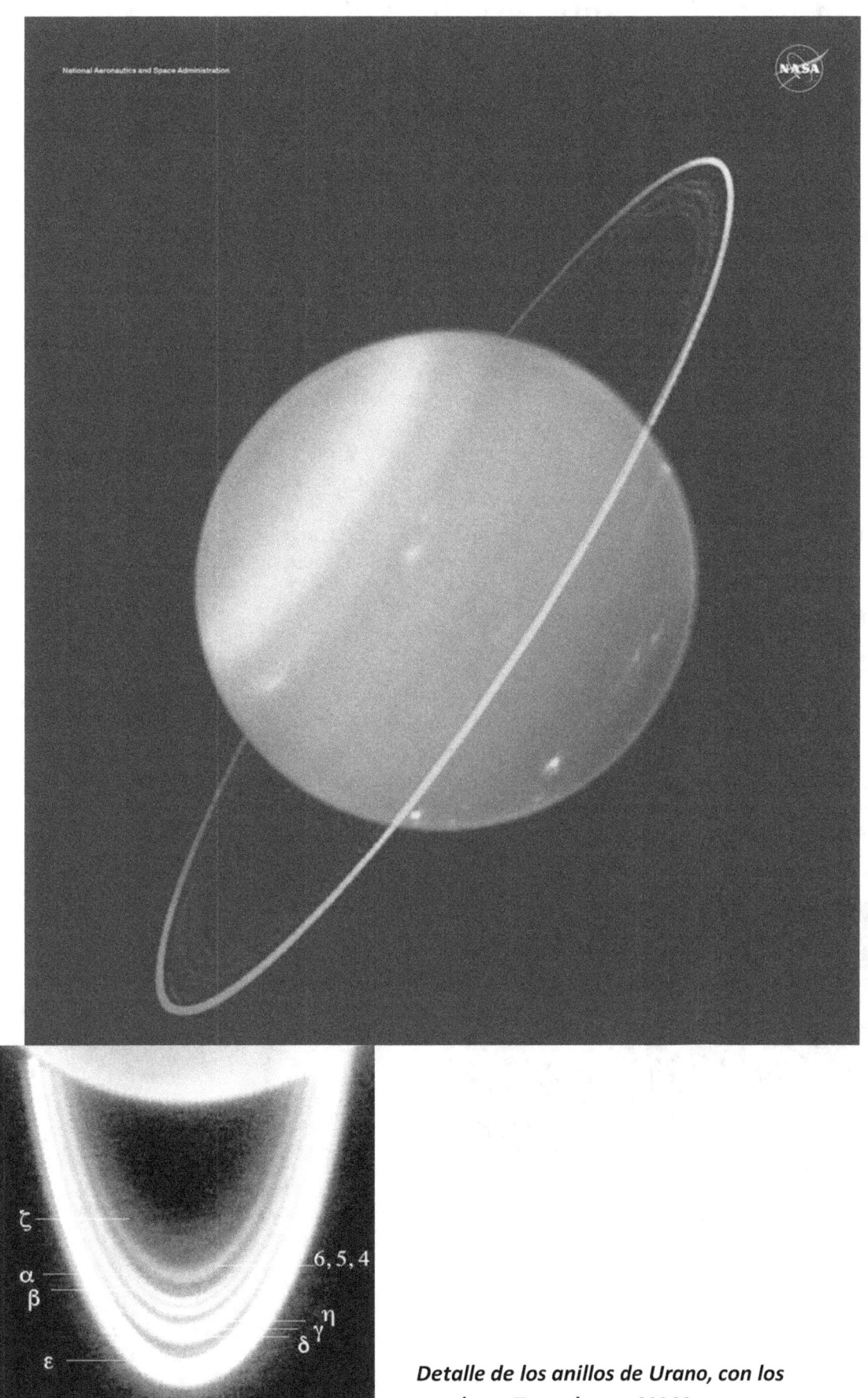

Detalle de los anillos de Urano, con los nombres. Tomado por ALMA.

Neptuno: Un gigante gaseoso azul

Neptuno, el último de los gigantes gaseosos, nos cautiva con su intenso color azul y su atmósfera turbulenta. Es el planeta más alejado del Sol y alberga una gran variedad de fenómenos fascinantes.

Fue descubierto en la práctica por Johann Gottfried Galle en 1846.

Neptuno tiene una atmósfera dinámica con vientos extremadamente fuertes. También presenta una gran mancha oscura similar a la de Júpiter, aunque de menor tamaño. Además, Neptuno posee un sistema de anillos, aunque mucho menos prominentes que los de Saturno.

Las lunas de Neptuno son tan intrigantes como el propio planeta. Tritón, la luna más grande, tiene una superficie helada con géiseres de nitrógeno. Proteo, por otro lado, tiene una forma irregular y se cree que es un objeto capturado por la gravedad de Neptuno.

Nereida y Larissa son otras dos lunas de Neptuno que nos ofrecen información valiosa sobre la formación y evolución del sistema de lunas de este gigante gaseoso.

Tritón tiene la característica que gira alrededor del Neptuno en sentido inverso a todo el resto. Es posible que un evento catastrófico del pasado lo haya dejado en esa orbita.

Aquí tienes algunos datos curiosos:

- Neptuno tiene una atmósfera compuesta principalmente de hidrógeno, helio y metano.
- La Gran Mancha Oscura de Neptuno es una tormenta gigante que desapareció y reapareció en 2019.
- Tritón, la luna más grande de Neptuno, tiene una órbita retrógrada, lo que significa que orbita alrededor de Neptuno en dirección contraria a la rotación del planeta.
- Proteo, la segunda luna más grande de Neptuno, tiene una forma irregular que se asemeja a una patata.
- Fue descubierto por calculo por Leverrier, que le indico a Galle donde observar para descubrirlo.

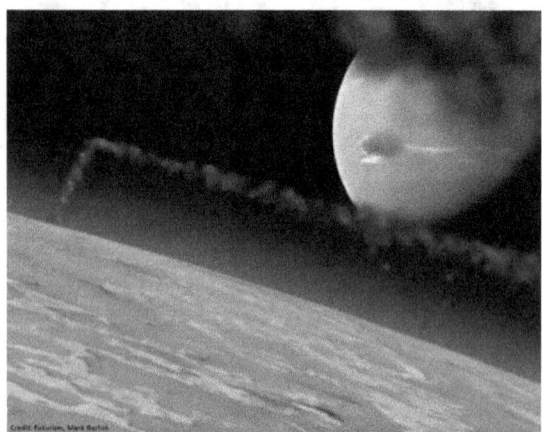

Ilustración de los geiseres de Tritón

Esta imagen de Neptuno provino de la nave espacial
Se ve claramente la mancha oscura.
Voyager 2 de la NASA en 1989. Crédito: NASA/JPL

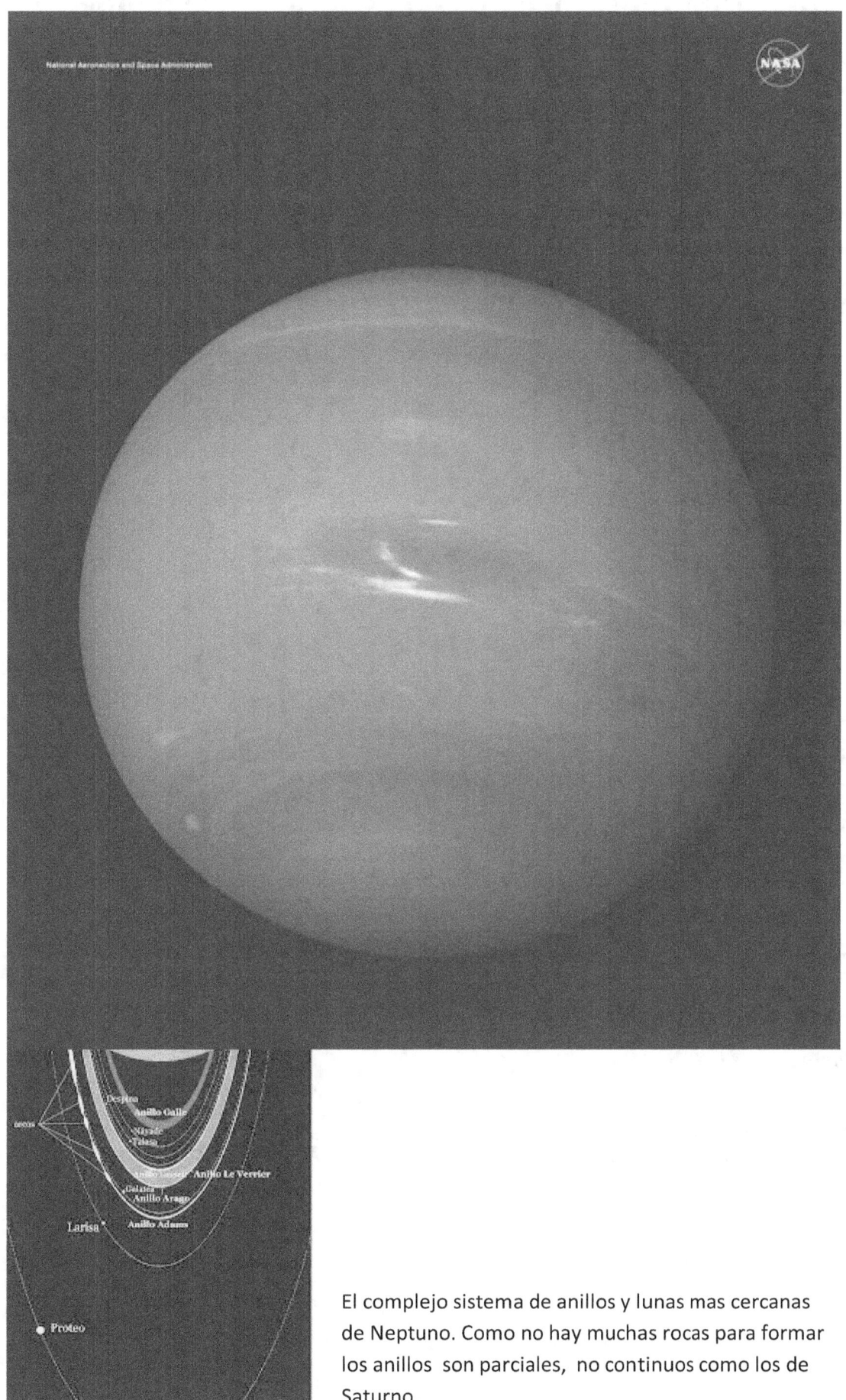

El complejo sistema de anillos y lunas mas cercanas de Neptuno. Como no hay muchas rocas para formar los anillos son parciales, no continuos como los de Saturno.

Plutón: Un mundo helado en el Cinturón de Kuiper

Plutón, un antiguo planeta y ahora clasificado como **planeta enano**, es un lugar frío y distante en el borde del Sistema Solar. Su superficie helada, compuesta principalmente de hielo de metano y nitrógeno, nos recuerda la naturaleza primordial de este cuerpo celeste.

Tiene el típico color rojizo de los objetos lejanos del Sistema Solar.

Caronte, su luna más grande, casi del mismo tamaño que Plutón, forma un sistema binario único en el Sistema Solar. Ambos cuerpos celestes giran uno alrededor del otro en una danza celestial eterna. **Nix, Hydra, Nix y Kerberos** son otras lunas más pequeñas que orbitan alrededor de Plutón, cada una con sus propias características y secretos por descubrir.

Cinturón de Kuiper

El **Cinturón de Kuiper**, una región distante más allá de la órbita de Neptuno, alberga a Plutón y otros objetos helados que nos dan pistas sobre la formación del Sistema Solar. Es similar al Cinturón de asteroides entre Marte y Júpiter, pero mucho más lejano.

SDO (Scattered Disc Objects)

Los **SDO** son **objetos de disco disperso**. Existe una región del espacio más allá del **Cinturón de Kuiper** que está formada por objetos que en su movimiento ya no respetan el plano del sistema solar.

Cualquier objeto muy lejano, fuera del Cinturón de Kuiper y que no respeta una baja inclinación orbital, se considera un objeto de disco disperso. Un buen ejemplo de esto sería el objeto transneptuniano más masivo conocido, **Eris** y también **Sedna**, que está clasificado como un SDO.

Una vista en color de Plutón, vista en julio de 2015 por la misión New Horizons de la NASA. Crédito: NASA/Laboratorio de Física Aplicada de la Universidad Johns Hopkins/Instituto de Investigación del Suroeste

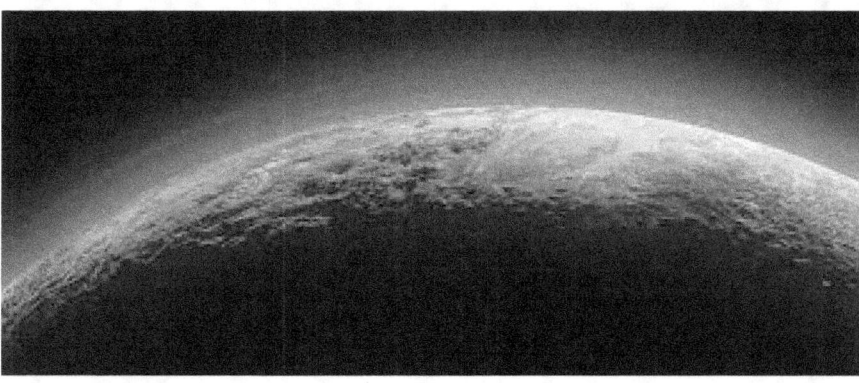

Detalle de la superficie de Pluton donde se ve que tiene una tenue atmósfera.

Planetas enanos: Diversidad

Los planetas enanos son una clase de objetos celestes que no cumplen con todos los requisitos para ser considerados planetas. Son mundos fascinantes que nos ayudan a comprender mejor la diversidad del Sistema Solar.

Características:

Los planetas enanos tienen una serie de características en común:

- **S**on más pequeños que los planetas.
- No tienen suficiente masa para despejar su órbita. (o sea comparten órbita con otros objetos de tamaño similar).
- Son lo suficientemente grandes para tener estructuras internas en capas.
- Pueden tener una o más lunas.

Ceres, el primer asteroide descubierto, ahora se clasifica como **planeta enano**. Con un diámetro de 950 km, es el más grande del cinturón de asteroides entre Marte y Júpiter. Ceres tiene una superficie compleja con cráteres, montañas y posiblemente volcanes de hielo. La misión espacial **Dawn** de la NASA estudió Ceres en profundidad entre 2015 y 2018, revelando su composición y geología únicas.

Eris es un planeta enano que se encuentra en una región más allá de la órbita de Neptuno. Es un objeto grande y frío con una masa similar a la de Plutón. **Eris** tiene una luna conocida, **Dysnomia**.

Haumea y **Makemake** son otros dos planetas enanos que se encuentran en el Cinturón de Kuiper. Haumea tiene una forma oblonga inusual y dos lunas conocidas. Makemake tiene una superficie muy roja y una luna conocida.

Importancia:

El estudio de los planetas enanos es importante por varias razones:

- Nos ayudan a comprender la formación del Sistema Solar.
- Nos dan pistas sobre la composición de la materia en el borde de nuestro sistema planetario.
- Nos ayudan a descubrir nuevos mundos y ampliar nuestro conocimiento del universo.

El planeta enano Ceres en una reproducción en falso color, que resalta las diferencias en los materiales de la superficie. Los puntos brillantes en medio son hielo (tal vez de agua o sales de magnesio). Crédito: NASA/JPL-Caltech/UCLA/MPS/DLR/IDA

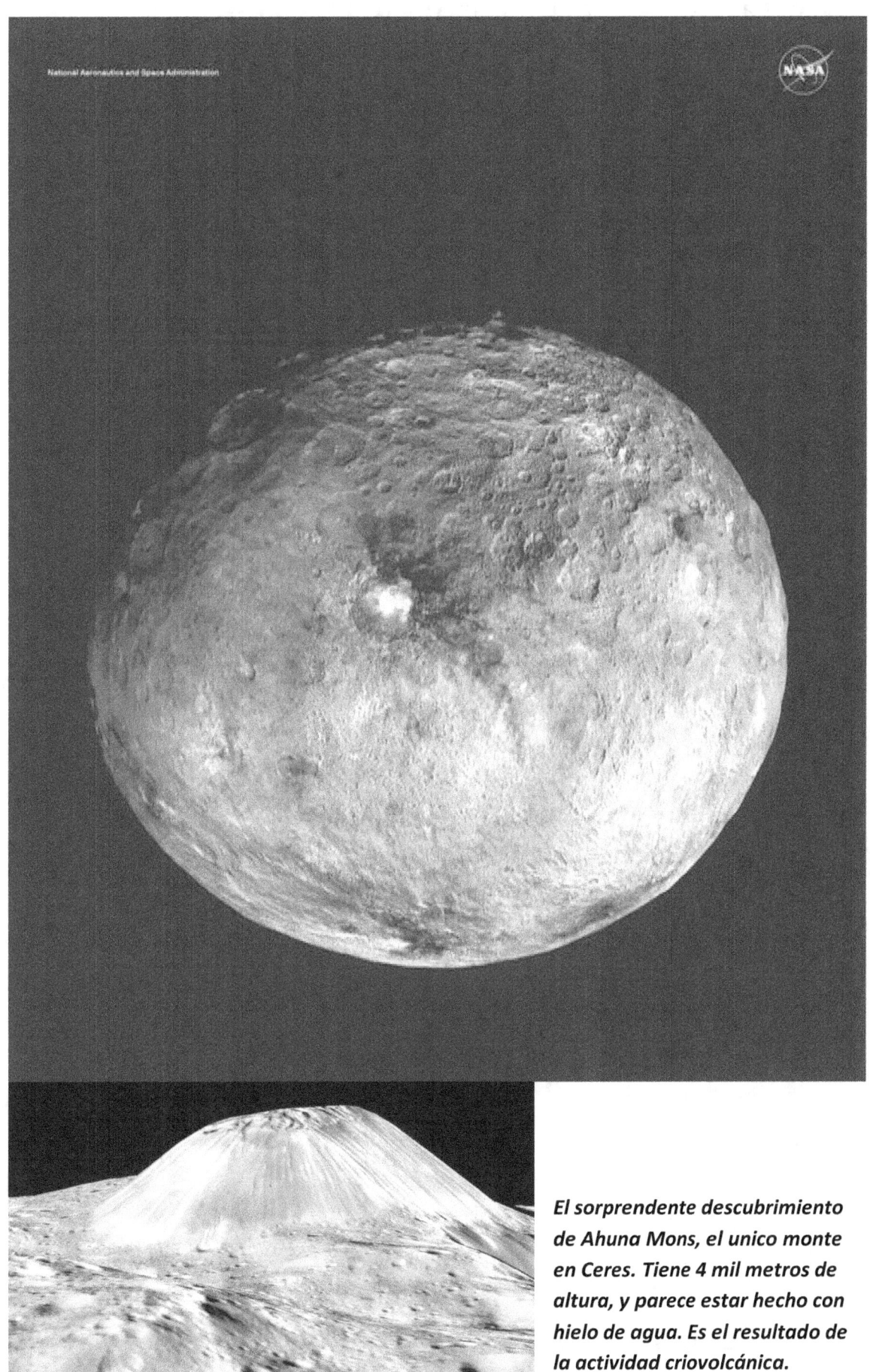

El sorprendente descubrimiento de Ahuna Mons, el unico monte en Ceres. Tiene 4 mil metros de altura, y parece estar hecho con hielo de agua. Es el resultado de la actividad criovolcánica.

Cometas: Mensajeros helados del pasado

Los **cometas**, esos viajeros espaciales que nos regalan espectáculos celestes con sus colas brillantes. Son cápsulas del tiempo que contienen información sobre los inicios del Sistema Solar.

El Cometa Halley, uno de los más famosos, regresa cada 76 años aproximadamente, brindándonos la oportunidad de observarlo y comprender mejor su composición y origen.

Un cometa es un cuerpo celeste helado, compuesto principalmente de hielo de agua, polvo y rocas. Se caracteriza por una larga cabellera y una cola brillante que se forma al acercarse al Sol. Tienen tamaños del orden de menos de 100 kilómetros, aunque mayoría son mucho menores.

Partes:

- Núcleo: Es la parte central del cometa, compuesta de hielo y polvo.
- Coma: Es la atmósfera que rodea al núcleo, formada por gases y polvo que se subliman al acercarse al Sol.
- Cola: Es una larga extensión de gas y polvo que se forma por la acción del viento solar.

Órbita:

Los cometas tienen órbitas muy alargadas alrededor del Sol. Algunos cometas tienen órbitas de período corto, que duran unos pocos años, mientras que otros tienen órbitas de período largo, que pueden durar miles o incluso millones de años.

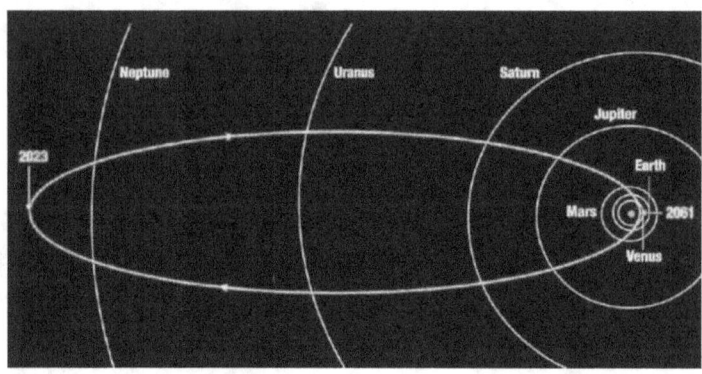

Órbita del cometa Halley, Vino por última vez en 1986, y regresara en 2061.

Curiosidades:

- Se cree que los cometas pudieron haber traído agua a la Tierra.
- Algunos cometas tienen más de una cola.
- El cometa más grande conocido es el C/2014 UN271 (Bernardinelli-Bernstein), con un núcleo de unos 130 kilómetros de diámetro.
-

Una vista del núcleo del cometa 67P/Churyumov-Gerasimenko
basada en dos imágenes adquiridas por la misión Rosetta
de la Agencia Espacial Europea.
Crédito: o ESA/Rosetta/MPS para el equipo OSIRIS
MPS/UPD/LAM/IAA/SSO/INTA/UPM/DASP/IDA

El Cometa McNaugth que pasó en el año 2007. Fue uno de los mejores cometas de las últimas décadas.

Origen:

Se cree que los cometas provienen de dos regiones:

- **Cinturón de Kuiper:** Una región más allá de la órbita de Neptuno.
- **Nube de Oort:** Una región aún más lejana, en los confines del Sistema Solar.

Nube de Oort:

- La **nube de Oort**, un reservorio de cometas en los confines del Sistema Solar, es la fuente de muchos de estos objetos celestes que nos visitan desde las profundidades del espacio.

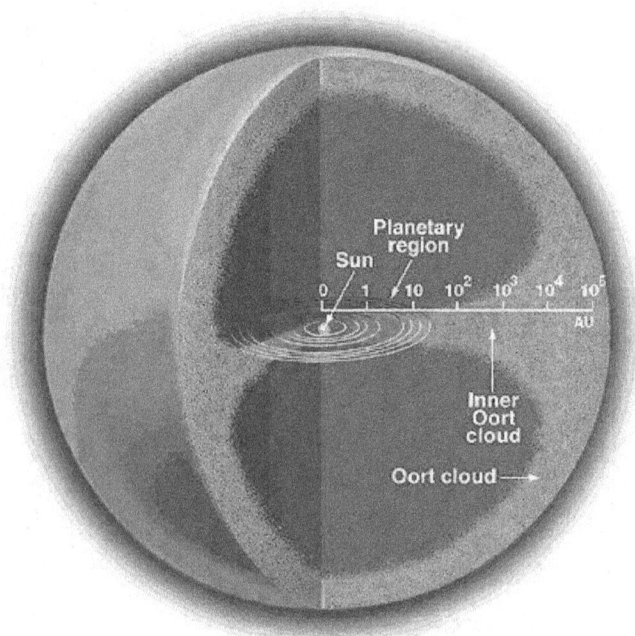

Este diagrama puede ser engaños, haciendo que la nube parezca menor de lo que realmente es. Nota que las distancias se van multiplicando por diez. (la secuencia es 1,10,100, etc).

AU significa Unidad Astronómica.

La nube de Oort rodea a nuestro sistema solar como una cáscara. Está formada por miles de millones de cuerpos helados en órbita alrededor del Sol. En este diagrama, las órbitas de los planetas se muestran en el centro. Ocasionalmente, una estrella perturbará la órbita de alguno de los cuerpos, arrojándolo a la parte interna del sistema solar.

Ahí se convierte en un "cometa de período largo". La mayoría de los cometas que vemos son "cometas de período corto" provenientes del cinturón de Kuiper, una región de cuerpos helados en órbita más allá de la órbita de Neptuno.

El dominio del Sol es mucho más lejano de lo que normalmente la gente cree. Todos los astros dentro de 1 año-luz de distancia al Sol, le pertenecen….

Más allá, es el dominio del espacio interestelar.

Sobre el Autor

Claudio Martínez no solo es un **incansable explorador del universo**, sino también un **narrador de historias celestiales** y un **divulgador apasionado** que nos invita a descubrir la magia que se esconde entre las estrellas.

Su **extenso currículum** lo avala como un experto en la materia, pero lo que realmente lo distingue es su **calidez humana** y su **accesibilidad**, convirtiéndolo en un **compañero de viaje invaluable** en la aventura de explorar el cosmos.

Por cualquier duda o comentario, escribe a info@astroturismo.com.ar

www.ingramcontent.com/pod-product-compliance
Lightning Source LLC
Chambersburg PA
CBHW081021240526
45471CB00018B/3929